DIE BEHANDLUNG DES TETANUS

Von

Dr. GEORG L. DREYFUS

Springer-Verlag Berlin Heidelberg GmbH
1914

ISBN 978-3-662-24229-2 ISBN 978-3-662-26342-6 (eBook)
DOI 10.1007/978-3-662-26342-6

Sonderabdruck aus
„Therapeutische Monatshefte", November 1914

Inhaltsverzeichnis.

Während der Tetanus in Friedenszeiten als Wundtetanus glücklicherweise nur sehr selten vorkommt, häuft sich diese Form ganz außerordentlich im Kriege. So wurden nach einem Bericht von Schjerning (1) in einem Zeitraume von 20 Jahren (1884—1904) nur 96 Tetanusfälle in der preußischen Armee beobachtet; dagegen sollen allein nach der Schlacht von Mukden im russisch-japanischen Kriege mehr als 500 Verwundete an Starrkrampf gestorben sein. Auch der jetzige Krieg lehrt uns wieder, daß der Tetanus eine ausgesprochene Kriegskrankheit ist. So werden von überall relativ häufige Erkrankungen an Starrkrampf gemeldet, und auch wir haben auf der Medizinischen Klinik in den vergangenen Wochen bereits 38 Fälle von Tetanus aufgenommen, während wir sonst in vielen Jahren kaum einen Tetanuskranken zu sehen bekommen.

Die Art der Verwundungen im Kriege sowie die Möglichkeit der Wundverunreinigung durch Schmutz, Kleiderfetzen usw. bedingt das gehäufte Auftreten von Tetanus bei Kriegsverletzten.

Sehr anschaulich schildert v. Behring (52), der geniale Begründer der Starrkrampf-Heilserumtherapie, warum gerade Kriegswunden die besten Lebensbedingungen für den Tetanusbazillus abgeben, der im wesentlichen nur unter anaeroben Wachstumsbedingungen imstande ist, das den Starrkrampf erzeugende Toxin zu produzieren:

„Nach oberflächlichen glatten Verletzungen wird bei freiem Sauerstoffzutritt kaum jemals tetanische Erkrankung beobachtet, während in die Tiefe gehende Wunden, zumal dann, wenn sie mit Gewebszertrümmerung verbunden sind, und wenn straffes sehniges Gewebe die infizierten Teile umgibt, den Ausbruch des Tetanus befürchten lassen, auch wenn der virulente Infektionsstoff ursprünglich nur in geringer Menge vorhanden war. Das hängt damit zusammen, daß nach der Zertrümmerung — insbesondere von Muskelgewebe — die absterbenden Teile den Sauerstoff chemisch binden und zur Bildung hochoxydierter Körper, z. B. Fleischmilchsäure, verwerten. Derartige mit Sauerstoffzehrung verbundene Prozesse kann man auch überall da beobachten, wo im lebenden Organismus durch Fremdkörper sogenannte tote Räume entstehen. Durch mitgerissene Kleiderfetzen, durch Granatsplitter und andere Fremdkörper erfolgt häufig genug auch der Import von Tetanussporen enthaltenden Erdpartikeln in die toten Räume, womit dann die günstigsten Bedingungen für die Vermehrung des Virus für die Giftproduktion und für die tetanische Vergiftung gegeben sind."

Die letzten Jahre haben neue Behandlungsmethoden gerade für den Tetanus gebracht, und auch die Anschauungen über die Antitoxinbehandlung waren mancherlei Wandlungen unterworfen. So dürfte es wohl angebracht sein, gerade jetzt, wo der Krieg tobt, und vermutlich eine sehr große Zahl von Ärzten Gelegenheit haben wird, Tetanuskranke zu sehen und zu behandeln, die zurzeit empfehlenswerten Behandlungsmethoden auf Grund der Literatur und unserer bisherigen Erfahrungen kritisch zu sichten. Bevor wir aber die Tetanustherapie besprechen, müssen wir zu deren Verständnis 2 Punkte kurz berühren:

Die Pathogenese des Tetanus sowie dessen allererste Symptome.

Der Tetanus ist eine akute Infektionskrankheit, die, wie experimentell sichergestellt ist, nicht durch die Tetanusbazillen selbst, sondern durch ein von ihnen produziertes Toxin hervorgerufen wird. Die Bazillen finden sich meistens nur am Orte der Infektion und senden von dort ihr verhängnisvolles Gift aus. Sie können aber auch gelegentlich von der Infektionspforte aus ins Blut gelangen, wo sie tagelang nachweisbar sind. Auch in inneren Organen wurden sie nach dem Verschwinden aus dem Blut gefunden.

Gefährdet sind vor allen Dingen die Wunden, die mit Straßenstaub, Schmutz, Kot, rostigen Nägeln, Holzsplittern, beschmutzten Kleiderfetzen sowie insbesondere mit Erde in Berührung gekommen sind. Im Kriege wird man den Verletzungen, die durch Schrapnellkugeln oder Granatsplitter hervorgerufen worden sind, deshalb besondere Beachtung zuwenden, weil diese Geschosse ja öfters vor der Verletzung auf die Erde aufschlagen und unter Umständen dann geradezu Reinkulturen von Tetanusbazillen mit sich führen können. Etwas seltener kommen wohl Gewehrschußverletzungen in Frage. Hier kann man sich wohl vorstellen, daß Uniformfetzen, die mit Erde oder Schmutz behaftet waren, mit in die Wunde gerissen wurden.

Was die Schnelligkeit sowie die Art

und Weise der Verbreitung des Tetanustoxins betrifft, so haben Versuche von Doenitz (2) — auch für die Therapie — außerordentlich wichtige Fingerzeige gegeben:

Doenitz injizierte Kaninchen in die eine Ohrvene jedesmal dieselbe Toxinmenge und in die andere Ohrvene Antitoxin nach verschiedenen Zeiten. Verwendete er große Toxindosen (12fach letale Mengen), so zeigte sich, daß er, um die Tiere am Leben zu erhalten, bei einem Zeitintervall von 4 Minuten zwischen Toxin- und Antitoxininjektion das 2fache, von 8 Minuten das 6fache, von 1 Stunde das 24fache jener Antitoxindosis injizieren mußte, die im Anfang nötig war, um das Tier vor der Vergiftung zu retten. Wählte er kleine Toxinmengen (2fach letale Dosis), so vermochte er noch nach 20 Stunden die Tiere vor dem sonst sicheren Tode zu bewahren, aber nunmehr nur mit der 3000fachen Antitoxindosis. Nach 24 Stunden gelang ihm eine Rettung der Tiere überhaupt nicht mehr.

Wenn nun auch Tierexperimente nicht ohne weiteres auf die menschliche Pathologie und Therapie übertragen werden dürfen, so ergibt sich aus ihnen doch im Verein mit den beim Menschen gemachten Erfahrungen die Forderung, so früh wie tunlich sowie mit möglichst großen Antitoxinmengen den jeweiligen Fall zu behandeln.

Das Tetanustoxin hat eine elektive Affinität zum Nervensystem. Zunächst wird es von den intramuskulären Endigungen der motorischen Nerven an der Stätte der Giftproduktion gebunden. In der Bahn der peripheren Nerven wird es sodann zu dem zugehörigen Rückenmarksabschnitt fortgeleitet und gelangt von dort in die benachbarten Rückenmarksabschnitte. Das an der Infektionsstelle von den Nervenendplatten nicht resorbierte Gift kommt auf dem Lymph- und Blutwege in den Kreislauf, wird von mehr oder weniger weit entfernten Nervenendplatten aufgenommen und gelangt von diesen wiederum in den peripheren Nerven zum Rückenmark.

Die direkte Aufnahme in die regionären peripheren Nerven überwiegt weitaus. Injiziert man Tetanustoxin Versuchstieren in ein Bein, so schützt die Durchschneidung des betreffenden Nervenstammes, z. B. des Nervus ischiadicus, sie vor sonst tödlichen Toxindosen. Hans Meyer (3) gelang es, den endgültigen Beweis für die Wanderung des Toxins in den Nerven dadurch zu erbringen, daß er durch vorherige Antitoxininjektion in die Nerven dem Toxin den Hauptweg für die Aufnahme absperrte. Es wird dann bei seiner Wanderung entlang dem peripheren Nerven durch das Antitoxin entgiftet, und sonst tödliche Gaben bleiben unwirksam. Aus dieser experimentell festgestellten Tatsache ergeben sich wichtige Gesichtspunkte für die Forderung der endoneuralen Einverleibung des Antitoxins, für die vor wenigen Tagen auch v. Behring (52) mit Nachdruck eingetreten ist.

Das Zentralnervensystem und die peripheren Nerven nehmen das Antitoxin aus dem Blute anscheinend nicht mehr auf. Die Bindung Nervenzelle - Tetanustoxin kann durch das im Blut kreisende Antitoxin mithin offenbar nicht mehr gesprengt werden. Die für die Therapie zu ziehende logische Konsequenz ist die: Das Antitoxin kann nur das am Orte der Produktion oder das von der Blutbahn aus noch nicht resorbierte Tetanustoxin binden. Damit ist aber auch die Grenze der Heilungsmöglichkeit durch Antitoxin und die große Lebensgefahr bei einmal ausgebrochenem Tetanus verständlich, da der Starrkrampf erst dann klinisch in Erscheinung tritt, wenn das Zentralnervensystem, d. h. die motorischen Nervenzellen, genügende Mengen Toxin gebunden haben. Dieses Toxin kann, wie erwähnt, nicht mehr durch das zu Heilzwecken eingeführte sowie durch das vom Organismus spontan gebildete Antitoxin neutralisiert werden. Ist nun bereits die letale Dosis Toxin auf dem Wege zum Zentralnervensystem, so wird jede Antitoxinbehandlung machtlos sein und das tödliche Ende nicht aufhalten können. Es wird deshalb alles darauf ankommen, jeden Tetanusfall so früh wie irgend möglich mit Antitoxin zu behandeln. Man wird aber auch dann nie mit Bestimmtheit wissen, ob nicht schon die tödliche Dosis vom Nervengewebe resorbiert ist.

Nach diesen Ausführungen hängt mithin unter Umständen das Leben des Kranken davon ab, daß die Diagnose des Tetanus so früh wie möglich gestellt wird. In Friedenszeiten wird diese Forderung deshalb auf gewisse Schwierigkeiten stoßen, weil man bei der außerordentlichen Seltenheit der Erkrankung häufig nicht an Tetanus denken wird. Jetzt, in Kriegszeiten, sind selbstverständlich alle Ärzte, die Verwundete zu behandeln haben, in ganz anderer Weise auf diese Diagnose eingestellt.

Es ist wichtig, zu wissen, daß die Inkubationszeit des Tetanus durchschnittlich 4—10 Tage beträgt, daß aber auch noch 2—7 Wochen nach der Infektion die ersten Tetanussymptome in Erscheinung treten können.

Nur nebenbei sei die prognostisch ungemein wichtige Tatsache erwähnt, daß mit der Länge der Inkubationszeit die Aussichten auf Heilung des Tetanus zunehmen. Nach einer Leydenschen (4) Statistik beträgt die Sterblichkeit an Tetanus 91 Proz. bei jenen Fällen, in denen der Tetanus in der ersten Woche nach der Verletzung ausbrach. Tritt er erst in der zweiten Woche auf, so sinkt sie auf 82 Proz., bei noch späterem Ausbruch auf 50 Proz.

Häufig äußern sich die ersten klinischen Symptome des Tetanus in Klagen über Schmerzen beim Kauen bzw. darüber, daß der Mund nicht so weit wie gewöhnlich geöffnet werden kann. Auch in dem allerfrühesten Stadium werden beim Öffnen des Mundes die Mundwinkel in eigentümlicher Weise nach unten gezogen. Öfters sieht man, selbst zu einer Zeit, wo man noch in der Diagnose zweifelhaft sein könnte, daß beim Befehl, die Zunge herauszustrecken, reflektorisch ein Kieferschluß auftritt. Verdächtig ist auch das auffallend langsame Öffnen und Schließen des Mundes. Klagen über Kau- und Kieferbeschwerden sind bei Kriegsverwundeten so gut wie immer die deutlichen Vorboten des bekannten Tetanustrismus, wenn andere organische Ursachen nicht in Frage kommen. Nicht gar so selten sind es aber nicht Kaubeschwerden, die den Verdacht auf Tetanus lenken sollten, sondern die Angaben des Patienten über „rheumatische" Schmerzen in der Halsgegend sowie über eine gewisse Steifigkeit der Halsmuskeln.

Öfters sind Schling- und Schluckstörungen ohne irgendwelche Ursache im Halse die ersten klinischen Zeichen des Starrkrampfs.

Auch eine Steifigkeit und auffallende Bewegungsbehinderung der verletzten Extremität, ferner lokale Zuckungen in dem befallenen Gliede sollten in den jetzigen Zeiten den Verdacht auf beginnenden Tetanus aufkommen lassen (l o k a l e r T e t a n u s).

Manchmal wird die schwere Erkrankung durch einen dauernden Druck auf die Brust sowie durch lumbagoähnliche Beschwerden eingeleitet. Jedenfalls sollten alle diese Symptome, wenn eine organische Ursache hierfür nicht gefunden werden kann, den Gedanken an einen beginnenden Tetanus nahelegen.

Eben angedeutete Nackensteifigkeit im Verein mit Kaubeschwerden stellen die Diagnose bei Verwundeten so gut wie sicher. Allgemeinere Symptome (Kopfschmerzen, Gliederschmerzen, ziehende Schmerzen, Aufregungszustände) sind für sich allein natürlich nicht zu verwerten. Bedeutungsvoll werden sie erst im Verein mit den oben genannten Symptomen oder aber, wenn sie zugleich mit auffälligen Schweißausbrüchen oder mit unmotiviert erschwertem Wasserlassen auftreten (Evler (5)).

I. Behandlung der Wunde.

Der von chirurgischer Seite wiederholt ausgesprochene Leitsatz: „die Vernachlässigung der Lokaltherapie ist für den Tetanuskranken der größte Schaden, der ihm zugefügt werden kann“, sollte in jedem einzelnen Falle die vollste Berücksichtigung finden. Der Wunde muß während der ganzen Dauer der Erkrankung mithin die größte Aufmerksamkeit geschenkt werden. Kommt ein Tetanuskranker in Behandlung, so sollte so bald als möglich die Wunde breit gespalten werden. Die Wundränder werden nach Möglichkeit angefrischt. Ein starkes Ausbluten kann nur erwünscht sein. Während der ganzen Dauer des Tetanus muß die Wunde breit offengehalten werden.

Wenn man sich vergegenwärtigt, daß die Tetanusbazillen sich im allgemeinen nicht im Körper verbreiten, sondern lediglich von der Wunde aus ihre verhängnisvolle Wirkung entfalten, so ergibt sich daraus von selbst die Forderung, bei dauernder sorgsamster Wundbehandlung kein Mittel zu gebrauchen, das ein Verschorfen der Wunde zur Folge haben könnte. Nur wenn ganz im Gesunden ein Teil eines verwundeten Gliedes reseziert wurde, empfiehlt es sich, den Stumpf zu verschorfen. Folgende von Chlumsky angegebene Zusammensetzung dürfte sich zu der nur in diesen Fällen erwünschten Verschorfung besonders eignen:

Kampher	60,0
Phenol	30,0
Alkohol absol.	10,0

Mit Ausnahme des oben erwähnten Falles ist es mithin ganz unzweckmäßig, die Wunde mit dem Thermokauter oder mit hochkonzentrierter Karbolsäurelösung zu verätzen. Dadurch würde ein gewisser Abschluß der Wunde bedingt und eine erhebliche Gewebsschädigung, beides Momente, die der Weiterentwicklung der Tetanusbazillen nur günstig sein könnten. Graser (6) rät, wo dies möglich ist, die Biersche Stauung anzuwenden, ev. auch ein Aussaugen der Wunde mit geeigneten Sauggläsern. Er empfiehlt ferner, die Wunde mit Perubalsam auszuwaschen. Dieser desinfiziert in gewissem Maße, schädigt das Gewebe nicht und verhindert eine frühzeitige Verklebung der Wundränder, wodurch unter anderem auch der Wechsel des Tampons erleichtert wird. Eine Sicherheit gegen späteren Ausbruch des Tetanus gewährt die ursprüngliche Behandlung mit Perubalsam nicht, wie mehrere trotz dieser Therapie später ausgebrochene Tetanusfälle beweisen.

Kocher empfiehlt das Auswaschen der Wunde mit Jodtinktur, wodurch keine festen Schorfe entstehen, und vielleicht auch ein gewisser Einfluß auf das Tetanustoxin ausgeübt wird. Bei geeigneten Extremitätenverletzungen kommt als Wundbehandlung unter Umständen auch ein permanentes oder prolongiertes

Baden in einer ganz dünnen Karbolsäurelösung ($^1/_2$—$^3/_4$proz.) oder Kalihypermanganlösung in Frage.

Die Wunde sollte täglich oder einen über den anderen Tag mit einem in Tetanus-Antitoxin getauchten Tampon austamponiert werden, wodurch ev. eine Bindung des Toxins an Ort und Stelle herbeigeführt wird. Bei der unleugbaren großen Gefahr des Starrkrampfes im Kriege sollte schon der ersten Wundversorgung, insbesondere solcher Verletzungen, die, wie eingangs angeführt, durch Schrapnell oder Granatsplitter verursacht worden sind, die größte Aufmerksamkeit zugewandt werden. Es wird sich erst nach Beendigung dieses Krieges entscheiden lassen, ob die derzeitige konservative Wundbehandlung prozentualiter mehr Tetanuserkrankungen im Gefolge hat als die in früheren Kriegen übliche Versorgung der Wunde.

Die Frage, ob bei Extremitätenverletzung das Fortschreiten des Tetanus durch Absetzen des betreffenden Gliedes hintangehalten werden könnte, ist verschieden beantwortet worden. Während von manchen Autoren durch Amputation glänzende Heilerfolge erzielt worden sind, berichten wieder andere über völliges Versagen dieser Behandlung. So teilte Wilms einen Fall der Leipziger Klinik mit, bei welchem eine 2 Tage vor Beginn der ersten Erscheinungen ausgeführte Amputation des Oberschenkels nicht imstande war, den Ausbruch des Tetanus zu verhindern.

Ein allgemein gültiges Gesetz betr. der Frage der Amputation wird sich wohl nicht aufstellen lassen. Man wird sich im Einzelfall nach der Art der Verletzung, nach der Beurteilung des ganzen Falles richten. Verletzte Finger oder Zehen dürften unter allen Umständen zu einer Exartikulation des betreffenden Gliedes im Gesunden führen. Ist die Wunde stark verjaucht, gequetscht, noch verunreinigt, oder ist es unmöglich, sie breit freizulegen oder für Abfluß des Wundsekrets zu sorgen, so wird man sich leichter zu einem derartigen verstümmelnden Eingriff entschließen.

Vergegenwärtigt man sich andererseits, daß auch das Fernhalten weiterer Nachschübe keine Rettung bringen kann, wenn bereits die tödliche Dosis Toxin im Nervensystem verankert ist, so wird man besonders jetzt, in dem Zeitalter der Serumtherapie, vielleicht doch etwas konservativer verfahren. Durch ev. Freilegung des Hauptnervenstranges mit nachfolgenden endoneuralen täglichen Antitoxin-Injektionen wäre unter Umständen ein Verfahren gegeben, das den weiteren Nachschub von Toxin blockiert. v. Behring (52) berichtet über Heilung eines so behandelten Kranken. Durch intravenöse Injektionen von Antitoxin könnte dann das sich im Kreislauf befindende Toxin gebunden werden. Man kann sich wohl vorstellen, daß durch solche Maßnahmen meistens eine Amputation überflüssig werden kann.

II. Ätiologische Behandlung des Tetanus. Die Antitoxintherapie.

Experimentell und auch klinisch ist die Behandlung des Tetanus mit Antitoxin so gut begründet, daß sich jeder Arzt unseres Erachtens einer schweren Unterlassungssünde schuldig machen würde, wenn er Antitoxin nicht anwenden würde. Allerdings hängt wohl alles von der Art der Darreichung, von der konsequenten Weiterbehandlung mit Serum sowie von der Höhe der Dosen ab, sofern überhaupt in dem Einzelfalle eine Rettung noch möglich ist dadurch, daß die tödliche Dosis noch nicht in dem Zentralnervensystem verankert ist.

Die Ansichten über die therapeutische

Bedeutung des Antitoxins sind auch heute noch recht geteilt. Auf der einen Seite stehen die Autoren, die ihm jeglichen Heilwert absprechen, auf der anderen aber zahlreiche kritische Beobachter, die unter keinen Umständen das Antitoxin in der Behandlung des Tetanus missen möchten.

Nach einer von Krause (7) mitgeteilten Statistik bewegt sich selbst nach lediglich subkutaner Anwendung des Tetanusantitoxins die Mortalität zwischen 28 und 68,5 Proz. Diese Zusammenstellung würde doch immerhin einen gewissen Einfluß des Toxins auch bei dieser gänzlich ungenügenden Art der Anwendungsweise erkennen lassen, da die Mortalitätszahlen unbehandelter Tetanuskranker im allgemeinen zwischen 50 und 90 Proz. schwanken.

Die Mitteilungen, die auf dem 35. Chirurgenkongreß (8) von Ärzten gemacht worden waren, die an dem russisch-japanischen Krieg teilgenommen hatten (Zoege v. Manteuffel, v. Wreden), ermunterten keineswegs, eine Antitoxinbehandlung zu versuchen. Beide erklärten übereinstimmend, sie hätten von der Verwendung des Antitoxins im Kriege auch nicht den allergeringsten Nutzen bei ausgebrochenem

Tetanus gesehen, so daß sie schließlich ihre Kisten mit Antitoxin verschenkten, um sich von unnötigem Ballast zu befreien.

Allerdings teilten diese Autoren nicht mit, auf welchem Wege die Injektionen erfolgt und wie groß die einzelnen Dosen waren, sowie wann und wie oft hintereinander sie gegeben wurden. Man wird aber wohl nicht fehlgehen in der Annahme, daß nur wenige und subkutane Injektionen gemacht wurden. In den letzten Jahren sind aber wohl die meisten Autoren, die das Tetanusantitoxin empfehlen, von der subkutanen Methode ganz abgekommen und befürworten nur noch die intravenöse, endoneurale oder endolumbale Einverleibung von Antitoxin.

Neuerdings spricht sich eine ganze Anzahl von Autoren [Holterbach (9), Liell (10), Wiedemann (11), Häuer (12), Young (13), Osten (14), van der Bogert (15), Heilmeyer (16), Weber (17)] für Einverleibung sehr großer Antitoxindosen aus, die sie mit Erfolg angewandt haben, und zwar wurden gelegentlich bis zu 2—3000 Antitoxin-Einheiten im ganzen gegeben. Amerikanische Ärzte berichten sogar von weit größeren Gesamtdosen [55 000 (Liell) bzw. 500 000 A.-E.].

Derartig große Dosen können aber nur dadurch verabreicht werden, daß in Amerika ein höherwertiges Serum hergestellt wird als in Deutschland.

Diesen günstigen Erfahrungen mit Antitoxin steht aus der jüngsten Zeit eine Arbeit aus der Züricher Klinik von Huber (18) entgegen, welche der Antitoxinbehandlung jedweden Wert abspricht. Sie stützt sich auf insgesamt 69 Fälle.

Man gewinnt aus dem Studium der einschlägigen Literatur den deutlichen Eindruck, daß über die Antitoxinbehandlung des Tetanus heute ebensowenig wie vor 10 Jahren das letzte Wort gesprochen ist.

Daß das Antitoxin jeden Tetanuskranken heilen könnte, ist schon deshalb nicht zu erwarten, weil es wohl immer eine nicht unerhebliche Anzahl von Fällen geben wird, die nach kurzer Inkubationszeit in foudroyantem Verlauf offensichtlich unrettbar dem Tode verfallen sind, vermutlich weil schon bei Ausbruch der Erkrankung die tödliche Dosis Toxin im Nervensystem verankert war.

Man wird bei der Antitoxinbehandlung sich vor allem aber immer des Behringschen (19) Satzes erinnern: „Wenn nach der Serumbehandlung ein

Tetanusfall in Heilung übergeht, so geschieht dies genau wie im Tierexperiment nicht unter kritischer Änderung des Gesamtbildes, sondern der progressive Verlauf wird allmählich retardiert. Dann steht der Krankheitsprozeß still, und ganz allmählich tritt erst der Rückgang der Symptome ein. Ein schwerer Fall wird so in einen leichten verwandelt, ein anfangs akut verlaufender in einen chronischen."

Bevor wir zur Besprechung der Anwendungsweise des Serums übergehen, sei auch auf Grund eigener Erfahrungen betont, daß die intravenöse und endolumbale Einverleibung des Antitoxins keine wesentlichen unangenehmen Nebenwirkungen zur Folge hat. Gelegentlich beobachtet man eine schnell vorübergehende Urticaria, aber auch bei fortgesetzter Einverleibung von großen Antitoxinmengen (3—500 Antitoxin-Einheiten pro die) sahen wir bisher keine bedrohlichen anaphylaktischen Erscheinungen auftreten. Dagegen erzeugen so große Antitoxindosen fast regelmäßig hohes Fieber.

A. Prophylaktische Anwendung von Tetanusantitoxin.

Der prophylaktisch sichere Erfolg der subkutanen Antitoxininjektion bei tetanusverdächtigen Wunden ist über alle Zweifel erhaben. Die Injektion sollte am Tage der Verletzung möglichst in die Wundumgebung vorgenommen werden. Will man dann, wenn die Injektion erst 1—2 Tage nach der Verwundung erfolgt ist, ganz sichergehen, so genügt eine einmalige Einspritzung von 20 bis 60 Antitoxin-Einheiten nicht, sondern diese Dosis muß nach 8 und ev. nach 14 Tagen noch einmal gegeben werden.

Der durch das Tetanusantitoxin verliehene Schutz hat eine Dauer von 2 bis 3 Wochen. Falls die Injektion am Tage der Verletzung vorgenommen werden kann, genügen 20 Antitoxin-Einheiten. Es ist dabei gleichgültig, in welcher Serummenge diese Anzahl von Einheiten enthalten ist, d. h. es ist nebensächlich, ob ein besonders hochwertiges Tetanusserum zur Verfügung steht oder nicht.

Nach einer vor kurzem erschienenen Mitteilung der Höchster Farbwerke war bisher in Deutschland nach den staatlichen Vorschriften ein Tetanusserum mit 6 Antitoxin-Einheiten in 1 ccm als 6 faches und ein anderes Tetanusserum mit 4 Antitoxin-Einheiten in 1 ccm als 4 faches Serum oder Tetanol im Gebrauch. Sie schreiben:

„Bei dem 4 fachen Serum beträgt die Schutzdosis von 20 Antitoxin-Einheiten 5 ccm, bei dem 6 fachen $3^1/_3$ ccm. Die Differenz beträgt also nur $1^2/_3$ ccm. Da es ganz gleichgültig ist, ob man einem Patienten $3^1/_3$ oder 5 ccm Serum injiziert, so sollte man aus Rücksicht auf die geringeren Kosten auf die Anwendung des 6 fachen Serums als Schutzmittel vollkommen Verzicht leisten und sollte, zumal die Beschaffung des hochwertigen Serums bedeutend mehr Zeit erfordert, und der in Deutschland vorhandene Vorrat zurzeit nahezu erschöpft ist, allen noch vorrätigen Bestand an 6 fachem oder höherem Tetanusserum für die Heilung bereits ausgebrochenen Wundstarrkrampfs reservieren.

Tetanusserum von geringem Antitoxingehalt, wie 3- oder 2 faches Serum, kann als Prophylaktikum unbeschadet für den Patienten Verwendung finden, wenn die injizierte Schutzdosis nur der Menge von 20 Antitoxin-Einheiten entspricht, wenn man also Bedacht darauf nimmt, daß von dem 3 fachen Serum mindestens $6^2/_3$, von dem 2 fachen aber 10 ccm zur Injektion gelangen."

Für den Wert der prophylaktischen Injektion spricht eine ganze Reihe von Beobachtungen, von welchen wir nur folgende, in der Literatur erwähnte, deshalb hier zusammenstellen, weil sie eine so einwandfrei überzeugende Sprache reden.

Scherk (20) teilt mit, daß in New-York im Jahre 1903 von 56 Verletzungen mit Platzpatronen 16 an Tetanus starben, während 1904—1906 bei 291 derartigen

Verletzten, die prophylaktisch injiziert wurden, kein einziger an Tetanus erkrankte.

E. Kraus (21) berichtet von der Prager Frauenklinik, daß eine Tetanusendemie erst dann völlig verschwand, als jede Gebärende prophylaktisch mit Antitoxin behandelt wurde.

Nocard (22) führt aus, daß erst bei solchen kastrierten Pferden, welche der Präventivimpfung unterzogen wurden, der Tetanus restlos verschwand, während er früher in Hunderten von Fällen beobachtet wurde.

Letulle führte in Indo-China bei sämtlichen Neugeborenen die prophylaktische Injektion durch. Während vordem angeblich der 5. Teil aller neugeborenen Kinder an Tetanus zugrunde ging, sollen nach der Anwendung von Antitoxin keine Fälle von Tetanus mehr vorgekommen sein.

In ebenso beredter Weise wie das Tierexperiment lehren derartige Beispiele den Wert der prophylaktischen Injektion.

Im Kriege sollte deshalb jede mit Erde, Schmutz usw. infizierte oder sonst irgendwie verdächtige Wunde mit Tetanusantitoxin prophylaktisch injiziert werden. Die französische Regierung war die erste, die bei allen Kolonialkriegen die prophylaktische Injektion von Tetanusserum anordnete. Im spanisch-amerikanischen Kriege kamen erst dann keine Tetanusfälle mehr vor, als die prophylaktische Impfung eingeführt worden war. So sollte auch in dem jetzigen Kriege, wo dies irgend möglich ist, die prophylaktische Injektion in den entsprechenden Fällen gegeben werden*).

B. Kurative Anwendungsweise des Antitoxins.

Es gibt 5 Möglichkeiten, das Antitoxin anzuwenden:

1. lokal in der Wunde,
2. subkutan bzw. intramuskulär,
3. intravenös,
4. endoneural und
5. intralumbal.

Nach unserer Anschauung ist die ausschließlich subkutane Verabreichung des Antitoxins, die nur den Vorzug der einfachsten Anwendungsweise für sich hat, bei ausgebrochenem Tetanus zu verwerfen. Zeigen sich nämlich die ersten subjektiven und objektiven Erscheinungen des Tetanus, so ist

*) *Anm. bei der Korrektur:* Eine entsprechende Verfügung der Medizinalabteilung des Kriegsministeriums ist inzwischen erlassen worden.

es ganz analog dem Tierexperiment — wenn überhaupt — nur noch durch Überschwemmung mit Antitoxin möglich, das noch nicht gebundene Toxin zu neutralisieren. Es ist wohl ohne weiteres klar, daß bei subkutaner Einverleibung des Serums die Resorption viel zu langsam vonstatten geht. Deshalb empfehlen wir nachdrücklich die anderen vier Applikationsarten des Serums.

Mit der intravenösen Methode kann es unter Umständen gelingen, das in der Blutbahn befindliche und von dort erst zu den Nervenendplatten gelangende Toxin abzufangen.

Die endoneurale Injektion hat den Zweck, den von der Wunde mit Toxin beladenen Hauptnervenstamm für weitere Zuleitung von Toxin nach dem Rückenmark zu sperren.

Dies wird natürlich nur dann bis zu einem gewissen Grade möglich sein, wenn sich die Wunde an einer der Extremitäten befindet. Die obere Extremität wird durch endoneurale Einspritzung von Antitoxin in den Plexus brachialis, ev. nach dessen Freilegung, günstigere anatomische Verhältnisse bieten als die untere, wo Serum in den Nervus ischiadicus und femuralis gespritzt werden müßte.

Unter Umständen wird man sich vielleicht entschließen, den Hauptnervenstamm durch Inzision freizulegen, um ganz sicher zu sein, daß die Injektion auch wirklich in den Nerven erfolgt.

Befindet sich die Wunde an Brust, Bauch oder Rücken, so wird man sich nach breiter Freilegung damit begnügen müssen, die ganze Wundumgebung mit Antitoxin zu infiltrieren.

Die von Blumenthal (23) und Jacob sowie von Sicard gleichzeitig empfohlene endolumbale Einverleibung des Serums hat vor allen anderen Methoden den Vorzug, daß man mit dem Antitoxin so nahe wie möglich an das Zentralnervensystem herankommt, um dort das freie Toxin, das mehrfach im Liquor cerebrospinalis nachgewiesen wurde, zu binden. Von zahlreichen Autoren wird neuerdings die intralumbale Antitoxin-Behandlung warm empfohlen [Jochmann (24), Graser (6), Weiß (25) und andere]. Bisher scheint sie wohl wegen der etwas komplizierten Methode die unseres Erachtens sehr erwünschte Verbreitung nicht gefunden zu haben.

Experimentelle Untersuchungen haben ergeben, daß im allgemeinen bereits nach 24 Stunden das Antitoxin aus dem

Liquor cerebrospinalis verschwunden ist. Infolgedessen müßte die intralumbale Injektion täglich wiederholt werden.

Im allgemeinen wird man diese wegen der Rückenstarre des Kranken nur in Narkose vornehmen können. Wir empfehlen hierfür die kombinierte Chloroform-Äther- oder die Ätherrauschnarkose, die rascher als die Betäubung mit Bromäthyl oder Chloräthyl zum Ziele führt. Man wird allerdings beobachten, daß man bis zur völligen Entspannung des Patienten oft sehr große Quantitäten von Äther (200—300 ccm) braucht.

Dieser reichliche Ätherverbrauch hat nur den einen Vorzug, daß der Patient sich meist noch nach Stunden in einem relativen Betäubungszustand befindet, was bei dem schwer gestörten Allgemeinbefinden ja oft erwünscht ist.

Wie unsere Untersuchungen ergeben haben, übt die intralumbale Einverleibung von Antitoxin einen sehr starken Reiz auf die Meningen aus. Der ursprünglich klare, völlig normale Liquor ist bereits wenige Stunden später trüb und enthält, abgesehen von der Eiweißvermehrung, massenhaft Leukocyten und Lymphocyten (4000—8000 im ccm). Diese aseptische Reizung hat anscheinend nichts zu bedeuten und verdankt wahrscheinlich nicht dem Serum, sondern dem 0,5 proz. Karbolzusatz ihre Entstehung. Wo es möglich ist, empfiehlt es sich deshalb, kein Phenolzusatz enthaltendes Trockenserum zu verwenden, das in physiologischer Kochsalzlösung gelöst wird (100 A.-E. in etwa 20 ccm Flüssigkeit). Wie bereits erwähnt, sollte außerdem täglich die Wunde lokal mit Tetanusantitoxin (trocken durch Aufstreuen von Antitoxin, feucht durch einen mit Antitoxin getränkten Tampon) behandelt werden.

Wir schlagen deshalb folgenden Modus vor: Der Kranke soll so früh wie irgendmöglich Antitoxin bekommen. Bis zum deutlichen Rückgang aller Symptome werden täglich

1. intravenös 100—300 A.-E.,
2. intralumbal 100 A.-E.,
3. endoneural 100—200 A.-E.,
4. lokal 50—100 A.-E.

gegeben.

So wird der Kranke täglich mit 300—600 A.-E. behandelt. Bei sehr schweren Fällen wird man so unter Umständen 8—12 Tage vorgehen müssen. **Von unseren insgesamt 30 Tetanuskranken, die mit so hohen Antitoxindosen behandelt wurden, sind 22 genesen!** (Also nur 27 Proz. Mortalität.) Über unsere ferneren Erfahrungen mit dieser Überschwemmungsmethode werden wir später berichten.

Es sei ausdrücklich bemerkt, daß auch so große Antitoxindosen gut vertragen werden. Die Kostspieligkeit dieser Behandlungsmethode darf nicht ins Gewicht fallen, wenn es gilt, Menschen dem Leben zu erhalten, und wenn sich die Perspektive eröffnet, die Tetanusmortalität erheblich herabzudrücken.

III. Symptomatische Therapie.

Die Hauptgefahren für den Tetanuskranken liegen in einer allgemeinen Konsumption der Kräfte, die mit einer schweren Schädigung des Kreislaufsystems vergesellschaftet sein kann, sowie besonders in der Lähmung des Atemzentrums und in einer durch den Dauertetanus der Atemmuskeln bedingten mechanischen Behinderung der Atmung.

Aus diesen Erfahrungen heraus erwuchs diejenige Behandlungsform, die man ganz allgemein als Narkosetherapie bezeichnen kann.

Schon vor der Serumbehandlung war es die Darreichung von Morphium und Chloralhydrat in erster Linie, die als besonders günstig in der Behandlung des Tetanus gerühmt wurde.

Im Morphiumrausch lassen Krämpfe und Trismus etwas nach, so daß es unter Umständen gelingt, dem Patienten Nahrung beizubringen. Man wird dem Kranken selbstverständlich nur so viel Morphium geben, als man zur Gesamtberuhigung nötig hat. Aber manches Mal wird man erstaunt sein zu sehen, daß erst 5—6mal 0,02 ccm innerhalb von 24 Stunden genügen, um die gewünschte Wirkung hervorzurufen. Bei der Darreichung des Morphiums und seiner Derivate muß man immer daran denken, daß sie in ganz spezifischer Weise die Erregbarkeit des Atemzentrums herabsetzen, was unter Umständen beim Tetanus, bei dem ja, wie erwähnt, die wesentlichsten Gefahren von der Lähmung des Atemzentrums kommen, auch einmal verhängnisvoll sein kann.

Sind die Krampfanfälle sehr schwer, so kann man ev. Skopolamin mit Morphium kombinieren. (0,02 Morphium plus 0,0005 Skopolamin pro dosi.) Das Skopolamin ist unter Umständen eine erwünschte Beigabe, weil es in erster Linie lähmend auf die motorischen Zentren wirkt und damit eine gewisse Erschlaffung der Muskulatur herbeiführt. Die Gefahren der Anwendung des Skopolamins liegen in einem

Übergreifen der Lähmung auf das Atemzentrum sowie in der Möglichkeit eines Herzkollapses. Im allgemeinen ist aber der Abstand der schlafmachenden Skopolamingaben von den toxischen oder letalen ein auffallend großer [Meyer-Gottlieb (26)].

Die Empfindlichkeit für Skopolamin ist außerdem großen individuellen Verschiedenheiten unterworfen. Geisteskranke z. B. vertragen nach unseren Erfahrungen meistens große Skopolamingaben (bis 0,004 g pro Injektion!) auffallend gut.

Von altersher wird das Chloral in der Behandlung des Tetanus sehr gerühmt.

Auch auf dem 35. Chirurgenkongreß sprachen sich einzelne Autoren dahin aus, daß sie von der resultatlosen Antitoxintherapie reuig zur bewährten Chloralhydratdarreichung zurückkehrten.

Man gibt am zweckmäßigsten Chloral in Klysmen (Chloral 10,0, mucilago salep ad 250; pro Klysma 50 ccm), innerhalb 24 Stunden 5—6 derartige Klysmen, oder per os 20 ccm einer 10 proz. Lösung in etwas Himbeersaft.

Das Chloralhydrat gefährdet vor allem Herz und Gefäße. Dies darf nicht unterschätzt werden, weil ja auch diese Organe vom Tetanus in eventuelle Mitleidenschaft gezogen sind. Es dürfte sich deshalb empfehlen, das Chloral durch andere Hypnotika der Alkoholgruppe zu ersetzen, z. B.

3mal 0,5 Veronal bzw. Medinal,
3mal 1,0 Neuronal,
3—4mal 0,2—0,3 Luminal.

Letzteres kann man auch subkutan geben:

Luminalnatrium	4,0
Aq. dest.	20,0

1—2 ccm pro Injektion
(= 0,2—0,4 Luminal)

Wir möchten auf Grund unserer jüngsten Erfahrungen die subkutane Injektion von Luminal angelegentlich empfehlen.

Man kann ruhig 3mal 0,4 g Luminal in Kombination mit Morphin innerhalb 24 Stunden geben. Wir sahen hiervon eine wesentliche Beruhigung der Kranken ohne nachteilige Folgen oder sonstige Schädlichkeiten.

Luminal ist so ev. imstande, alle anderen Narkotika überflüssig zu machen.

In neuester Zeit wurde auf Grund der Arbeiten von Meltzer und Auer ein neues Narkotikum in die Therapie des Tetanus eingeführt, das von zahlreichen Autoren schon mit recht großem Erfolg angewandt wurde: das Magnesiumsulfat.

A. Die Magnesiumsulfattherapie.

Wegen der großen Bedeutung, die unseres Erachtens dieser Art der Behandlungsmethode zukommen wird, wenn man die Dosierung und Anwendungsweise des Magnesiumsulfats erst in ausreichendem Maße erprobt haben wird, seien einige allgemeine pharmakologische Eigenschaften dieses Mittels sowie der unter Umständen notwendigen Gegenmittel der Schilderung der Behandlung des Tetanus mit Magnesiumsulfat vorausgeschickt.

Es ist das große Verdienst von Meltzer und Auer (27—31), die pharmakologische Bedeutung der Magnesiumsulfatsalze erkannt zu haben. In einer Anzahl von Arbeiten gelang ihnen der Nachweis, daß dem Magnesiumsulfat eine ausgesprochen lähmende Eigenschaft auf das Nervensystem zukommt. Sie konnten feststellen, daß durch subkutane Injektion von Magnesiumsulfat eine tiefe Anästhesie erzeugt wird, daß die gleiche Wirkung mit kleineren intravenösen Dosen zu erzielen ist, ferner, daß bei endoneuraler Einverleibung die Leitfähigkeit des Nerven unterbrochen wird, endlich, daß die intralumbale Darreichung eine langandauernde Anästhesie des vom Magnesiumsulfat erreichten Nervengewebes zur Folge hat.

Bei ihren experimentellen Studien konnten sie vor allem den Beweis liefern, daß bei gleichzeitiger Lähmung der motorischen und sensiblen Nerven, die mit völliger Muskelerschlaffung einhergeht und 5—8—24 Stunden dauern kann, das Atemzentrum ihrer Versuchstiere nur wenig, Herz- und Vasomotorenzentrum nahezu gar nicht betroffen werden. Diese Feststellungen galten für intralumbal gegebene Dosen von 0,03 g pro Kilo, also etwa 1,8—2 g für den Erwachsenen.

Meltzer und Auer (32) machten bald ihre bei experimentellen Arbeiten gewonnenen Erfahrungen mit Magnesiumsalzen für die Behandlung des Tetanus nutzbar. Es gelang ihnen, das Leben tetanisch gemachter Affen durch intralumbale Darreichung von Magnesiumsulfat wesentlich zu verlängern.

Blake (33) und Logan (34) waren die ersten amerikanischen Autoren, die auch beim Menschen von Erfolgen mit der intraduralen Magnesiumbehandlung des Tetanus berichten konnten. Ihnen folgte in den letzten Jahren eine Anzahl anderer amerikanischer Autoren, die ebenfalls günstiges von der Magnesiumbehandlung des Tetanus sahen.

Bei den unzweifelhaften Gefahren, die mit der Einverleibung des Magnesiumsulfats für lebenswichtige Zentren, insbesondere für das Atemzentrum, verbunden sind, bedeutete die Feststellung von Meltzer und Auer (35), daß bei Vergiftung mit Magnesiumsulfat dem Kalzium eine ausgesprochen antagonistische Wirkung zukomme, einen großen Fortschritt. Die genannten Autoren stellten fest, daß ein infolge subkutaner Magnesiumsulfateinspritzung völlig gelähmtes Tier innerhalb 1 Minute durch intravenöse Chlorkalziumeinverleibung seine völlige Bewegungsfähigkeit wiedererlangte.

Von Bedeutung für die Magnesiumsulfattherapie waren weiterhin die Mitteilungen von Joseph und Meltzer (36), daß das Physostygmin ($^1/_2$—1 mg subkutan) imstande sei, die durch Magnesiumsulfat hervorgerufene drohende Respirationslähmung aufzuheben bzw. zu bessern, sowie daß ihm eine gewisse antagonistische Wirkung auf die motorische Lähmung zukomme, daß es außerdem die Vagusendigungen in der Lunge errege und dadurch die Atmung verbessere. Auch der Herzvagus wird durch Physostygmin erregt, was eine Verlangsamung des Herzschlags zur Folge hat. Tritt die bradykardische Wirkung des Physostygmins zu sehr in den Vordergrund, so kann Atropin (1 mg) durch seine lähmende Wirkung auf den Herzvagus dieselbe aufheben.

Es stellte sich bald heraus, daß die größte Gefahr des Magnesiumsulfats von einer Lähmung des Atemzentrums droht. Diese Gefahr versuchten Meltzer und Auer dadurch zu bekämpfen, daß sie mit dem Brauerschen Überdruckapparat durch eine nach der Tracheotomie in den Hauptbronchus eingeführten Katheter, eventuell stundenlang, Luft einbliesen. Zur Herstellung einer solchen Atmungsform gehört das Einführen eines Rohres, welches die Trachea nur zu $^2/_3$ füllt, damit die verbrauchte Luft neben dem Rohr ausströmen kann.

Es ist das Verdienst Theodor Kochers (37, 38), in zwei ausführlichen Arbeiten wohl als erster europäischer Autor auf die Bedeutung des Magnesiumsulfats für die Therapie des Tetanus nachdrücklich hingewiesen zu haben. In seiner ersten Arbeit berichtet er über drei Fälle von Tetanus, die sämtlich geheilt wurden, in einer zweiten Arbeit wiederum über drei Fälle, von denen nur einer starb.

Die von Kocher ausführlich mitgeteilten Krankengeschichten seiner insgesamt schweren Tetanusfälle zeigen die zum Teil geradezu überraschende Wirksamkeit des intralumbal gegebenen Magnesiumsulfats; sie zeigen aber auch die großen Gefahren, die mit dieser Therapie verbunden sind. In 4 Fällen konnte man der Lähmung des Atemzentrums nur durch die sofortige Tracheotomie mit nachfolgender Einblasung von Sauerstoff in die Hauptbronchien Herr werden. Auf Grund dieser Erfahrungen kommt Kocher dazu, ev. vor der intraduralen Magnesiumsulfatbehandlung die prophylaktische Tracheotomie in Erwägung zu ziehen, um durch diesen Eingriff einer plötzlich hereinbrechenden Atemlähmung sofort zu begegnen.

Wie schon auseinandergesetzt wurde, besteht eine der Hauptlebensgefahren des Tetanus im Glottis- und Atemmuskulaturkrampf sowie in den immer wiederholten tetanischen Krampfanfällen. Dies alles beseitigt die intralumbale Darreichung des Magnesiumsulfats innerhalb kurzer Zeit. Es kommt zu einer Erschlaffung aller Muskeln und zu einer bis zu 24 Stunden dauernden allgemeinen Narkose.

Nach längstens 24 Stunden ist die narkotisierende Wirkung des Magnesiumsulfats abgeklungen, und das alte Bild tritt wieder in Erscheinung. Es bedarf dann erneuter Zufuhr dieses Mittels, um den gewünschten Erfolg zu erzielen. In einzelnen von Kocher erwähnten Fällen und in einem von Arnd (39) ausführlich mitgeteilten Fall mußten bis zu 6 intraduralen Injektionen an aufeinanderfolgenden Tagen gemacht werden, bis die Hauptgefahr vorüber war.

Bei der intraduralen Anwendung von Magnesiumsulfat kommt es nicht nur zu einer kompletten motorischen und sensiblen Anästhesie der unteren Extremitäten, sondern auch zu einer Blasenlähmung, die nach 24 Stunden vorübergeht, aber bis dahin eine künstliche Entleerung der Blase notwendig macht.

Meltzer und Auer empfehlen, 3—5 ccm einer 25proz. Magnesiumsulfatlösung intralumbal einzuspritzen. Kocher zieht eine schwächere Konzentration — 10 ccm einer 15proz. Lösung — vor. Er macht ferner darauf aufmerksam, daß auf die Lagerung des Kranken nach der intralumbalen Darreichung des

Magnesiumsulfats sehr viel ankomme.

Legt man den Kranken flach hin und neigt den Kopf etwas nach hinten, so tritt die allgemeine Narkose viel schneller ein, aber auch das Atemzentrum ist selbstverständlich viel gefährdeter. Durch Hochlagerung des Oberkörpers kann dies mehr oder weniger verhindert werden.

Bei einer bedrohlichen Atemlähmung nach Magnesiumsulfat empfiehlt Arnd die Auswaschung des Lumbalsackes mit physiologischer Kochsalzlösung.

Kocher hebt ausdrücklich hervor, daß man bei Wiederholung der Injektion mit der Dosis vorsichtiger sein muß. Er sah von zweimaliger Wiederholung innerhalb 24 Stunden keinen Nachteil. Ist man aber wegen neu auftretender Krämpfe genötigt, schon nach wenigen Stunden die Injektion zu wiederholen, so tritt insofern eine Kumulation ein, als von der vorherigen Dosis ein noch nicht gebundener Rest vorhanden ist.

Kocher macht selbst darauf aufmerksam, daß man zweifellos noch weiterer Erfahrungen bedarf bezüglich der Dosierung und Anwendung des Magnesiumsulfats. Davon, daß man auf die Injektion von Tetanusantitoxin zugunsten von Magnesiumsulfat verzichten solle, könne keine Rede sein.

Kocher steht andererseits aber nicht an, das Magnesiumsulfat in bezug auf die Geringfügigkeit nachträglicher schädlicher Wirkung den besten Narkoticis an die Seite zu stellen. Ja er meint sogar, daß es Chloroform und Äther noch wesentlich übertrifft, weil eine so vollständige Anästhesie und besonders eine so totale Muskelerschlaffung, wie sie das Magnesiumsulfat herbeiführt, durch andere Narkoticis nicht mit so geringer Gefahr erzielt werden kann.

Bei der intralumbalen Anwendung des Magnesiumsulfats hat man auf folgende Punkte zu achten:

1. Dosierung: 10 ccm einer 15 proz. Lösung, eventuell 12½ ccm einer 10 proz. Lösung. Weniger ratsam erscheint eine 25 proz. Lösung (3—5 ccm). Wird die Injektion innerhalb der ersten 24 Stunden wiederholt, so muß die folgende Dosis ungefähr auf die Hälfte der vorhergehenden herabgesetzt werden, um eine Kumulation zu vermeiden.

2. Lagerung des Kranken: Bei Tieflagerung des Oberkörpers ist größte Vorsicht wegen eventuell plötzlich einsetzender Lähmung des Atemzentrums geboten.

3. Bei drohender Atemlähmung versuche man diese zu verhindern:

a) durch Auswaschen des Lumbalsackes mit physiologischer Kochsalzlösung,

b) durch Physostygmin (1 prom. Lösung 1/2 ccm subkutan). Vorsicht wegen der eventuellen Herzschädigung!

c) 5proz. Kalziumchloratlösung 10 ccm intravenös,

d) das souveräne Mittel ist die Tracheotomie mit Einführung eines Katheters in die Trachea und lange fortgesetzter Einblasung von Sauerstoff oder von Luft mittels des Brauerschen Überdruckapparates.

Wird die Herzaktion zu langsam, so kann man sie ev. in kurzer Zeit durch eine intramuskuläre Injektion von Atropin (0,0005 bis 0,001 g) für Stunden regelmäßig und frequenter machen.

In neuerer Zeit sind teils zustimmende [Berger (40), Tidy (41) usw.], teils ablehnende Erfahrungen [v. Redwitz (42), Kreuter (43)] betreffs der Magnesiumtherapie mitgeteilt worden.

Vor kurzem haben Stadler (44) und Lehmann (45) sich in ausführlichen Arbeiten (dort finden sich auch reichliche

Literaturangaben) mit der Magnesiumbehandlung des Tetanus beschäftigt. Sie haben zwei Tetanusfälle mit Magnesiumsulfat behandelt, von welchen einer genas. Auch sie benutzten, ebenso wie Kocher, eine 15proz. Lösung.

Stadler glaubt auf Grund seiner Beobachtungen an einem prophylaktisch tracheotomierten Tetanuskranken, daß dieser Eingriff für die allgemeine Widerstandskraft des Patienten nicht förderlich sei und eine gewisse Disposition zur Bronchopneumonie schaffe. Es sei weiterhin zu bedenken, daß dem Tracheotomierten die Expektoration des infolge der Magnesiumsulfatwirkung von Trachea und Bronchien reichlich sezernierten Schleims schwerer möglich und oft recht peinigend sei. Deshalb empfiehlt Stadler gegebenenfalls, soweit dies bei dem Zustand des Kranken noch möglich ist, die oben erwähnten medikamentösen Gegenmaßnahmen anzuwenden, um eine drohende Atemlähmung zu bekämpfen.

Ein wesentlicher Fortschritt der Magnesiumtherapie wäre zu verzeichnen, wenn man das Magnesium nach dem Vorgehen von Greely (46), Greely und Lyon (47), Paterson (48), Parker (49) subkutan anstatt intralumbal geben könne. Die bisherigen von Stadler mitgeteilten Resultate (7 Heilungen unter 7 Fällen) sind recht ermutigend und widersprechen den hiergegen gemachten theoretischen Bedenken.

Zur subkutanen Injektion von Magnesiumsulfat empfiehlt Stadler auf Grund von Selbstversuchen als am wenigsten reizend eine 30—40proz. Lösung bei einer Einzeldosis von 4 bis ev. 7 g. Die oben genannten amerikanischen Autoren gaben 10—20 g Magnesiumsulfat innerhalb 24 Stunden (15—20—25 ccm einer 30proz. Magnesiumsulfatlösung).

Nach unseren Erfahrungen wird das Magnesiumsulfat in 30proz. Lösung subkutan gut vertragen, wenn es in nicht zu großen Gesamtdosen gegeben wird. Bei Dosen von 20 g pro die beobachteten wir schwere Störungen seitens des Kreislaufsystems. Deshalb würden wir empfehlen, nur kleinere Gesamtdosen subkutan (5 bis höchstens 12 g in 24 Stunden in drei Injektionen) anzuwenden. Kombiniert man zudem das Magnesiumsulfat mit Morphium und Luminal, welche in einstündigen Abständen vor bzw. nach dem Magnesium gegeben werden, so genügt oft nach unseren Erfahrungen eine einmalige Injektion von 5 g, um die Krämpfe für 12—24 Stunden und noch länger an Zahl und Schwere wesentlich einzuschränken.

Nach Kocher ist die Beurteilung, ob der Erfolg einer oder mehrerer Magnesiumsulfatinjektionen als genügend anzusehen ist oder nicht, recht schwierig:

„Maßgebend dafür ist das Wiederauftreten oder Ausbleiben von Krampfanfällen. Diese bedingen die Hauptgefahr. Dagegen bietet eine kontinuierliche Starre bei ungehinderter Atmung keine Gefahr, indem sie auch bei spontan oder bei anderen Behandlungsarten heilenden Tetanusfällen noch während einer Reihe von Tagen bestehen bleiben kann, ja in Form von spastischer Steifigkeit mit erhöhten Sehnenreflexen sich gelegentlich durch Wochen hinzieht. Die toxische Starre darf nicht die Atemmuskeln in der Art und Ausdehnung betreffen, daß sie die Atmung beeinträchtigt, d. h. die Kehlkopfmuskeln dürfen nicht beteiligt sein, ebenso nicht gleichzeitig die Brust- und Bauchwandmuskeln und dadurch die Rippen- und Zwerchfellatmung stark beschränkt sein.“

Erwähnenswert erscheint uns eine statistische Zusammenstellung Stadlers, der bei der intralumbalen Magnesiumsulfatbehandlung eine Mortalität von nur $35^1/_2$ Proz. herausrechnet.

Aus dem Gesagten geht hervor, daß das Magnesiumsulfat ein ausgezeichnetes symptomatisches Mittel für die Behandlung des Tetanus ist, aber wohl auch, daß es ein recht gefährliches Mittel ist, und daß man vor seiner Anwendung sämtliche obenangeführten Gegenmittel zur Hand haben muß!

Auch wir empfehlen das Magnesiumsulfat nur in Kombination mit dem Tetanusantitoxin. Wie oben ausgeführt, soll man fortlaufend und so früh wie möglich den Tetanuskranken mit Antitoxin (endolumbal, intravenös, endoneural) behandeln. Erst wenn heftige konsumierende Zuckungen oder gehäufte Krampfanfälle auftreten, gebe man Magnesiumsulfat subkutan in Kombination mit Morphium und Luminal. Erscheint der tetanische Zustand lebensbedrohlich, dann zögere man nicht, Magnesiumsulfat intralumbal zu geben.

Wenn, wie jetzt in Kriegszeiten, ein Mangel an Antitoxin auftreten sollte, dann wird man gewiß froh sein, in dem Magnesiumsulfat ein so gutes symptomatisches Mittel zu besitzen. Aber nur das Fehlen von Antitoxin würde es rechtfertigen, Tetanuskranke allein mit Magnesiumsulfat zu behandeln. Solche infolge der Not der Zeit lediglich mit Magnesiumsulfat behandelte Fälle werden uns voraussichtlich weiteren Aufschluß über die Leistungsfähigkeit dieses Mittels geben.

Häufig wird man sich wegen der einfacheren und ungefährlicheren Applikationsmethode veranlaßt sehen, Magnesiumsulfat nur subkutan anzuwenden. Über den Wert dieser Behandlungsmethode wird dann späterhin noch zu sprechen sein.

B. Die Behandlung mit subkutanen Karbolsäureinjektionen.

Seit 25 Jahren kämpft Baccelli (50) für die Behandlung des Tetanus mit subkutanen Karbolinjektionen. Er ist der Ansicht, daß diese Methode der Behandlung mit Antitoxin wesentlich überlegen ist.

Das Grundprinzip, diese therapeutische Methode zu versuchen, war die Beobachtung der energischen sedativen Wirkung des Phenols auf das Nervensystem.

Nach Baccelli kommen der Karbolsäure 3 Eigenschaften zu, die sie für die Behandlung des Tetanus ganz besonders geeignet erscheinen lassen:

1. Eine hemmende oder wenigstens stark herabsetzende Wirkung der tetanischen Infektion auf das Rückenmark,

2. die Temperatur herabsetzende,
3. die antitoxische Wirkung.

Auch Tierexperimente sprechen nach Baccelli für seine Ansicht: Das Karbol vernichtet in vitro die Toxizität des Tetanusgiftes. Ferner vermag eine 5proz. Karbollösung innerhalb 30 Minuten Tetanusbazillen abzutöten. Als wichtigstes Argument erscheint uns die Beobachtung von Babes, daß Tiere gegen Tetanus mittels Seruminjektionen von anderen Tieren immunisiert werden konnten, die gegen Tetanus durch Karbol refraktär gemacht worden waren.

Als Fundamentalforderung seiner Behandlungsweise verlangt Baccelli, daß genügende Dosen Phenol gegeben werden. Er beobachtete eine große Toleranz auch der schwersten Tetanuskranken gegen die größten subkutan injizierten Dosen, Dosen welche die Maximaldosis von $1^1/_2$ g pro die bei weitem überstiegen.

Baccelli empfiehlt eine 2—3proz. Karbolsäurelösung und beginnt mit Tagesdosen von 0,3—0,5 g, um unter sorgfältiger Überwachung des Urins zunächst die Toleranz des Kranken gegen das Phenol zu erproben. Darauf steigt er schnell ohne allzugroße Vorsichtsmaßregeln auf $1—1^1/_2$ g in mehrfachen Injektionen innerhalb 24 Stunden. —

Nach unserer Erfahrung kann man so vorgehen:

1. Tag: 3 × 5 ccm einer 3proz. Karbolsäurelösung (= 0,45 g Phenol),
2. Tag: 3 × 10 ccm einer 3proz. Karbolsäurelösung (= 0,9 g Phenol),
3. Tag: 3—4 × 15 ccm einer 3proz. Karbolsäurelösung (= 1,35 bis 1,8 g Phenol).

Diese große Dosis kann dann mehrere Tage hintereinander gegeben werden.

Baccelli hat 190 Fälle aus der Literatur aus den Jahren 1888—1911 zusammengestellt, die nach seiner Methode geheilt und ausführlich beschrieben wurden. Diese 190 Fälle sind von Imperiali (51) gesichtet und in 4 Kategorien eingeteilt worden: mittelschwere, schwere, sehr schwere und foudroyante. Bei den schweren Fällen (94 im ganzen) betrug die Mortalität 2,12 Proz. Von den sehr schweren (38 im ganzen) starben von 27 genügend Behandelten nur 5. Es entspräche dies einer Mortalität von 18½ Proz.

Von 15 foudroyanten Fällen genas nur einer.

Diese überaus günstigen Zahlen, die Baccelli und Imperiali mitteilen, sind recht überraschend. Es ist gewiß merkwürdig, daß man in Deutschland bisher wenig von dieser Baccellischen Methode gehört hat. Offenbar sind seine abnorm günstigen Resultate großem Mißtrauen begegnet. Man hat zum Teil seine Zahlen deshalb nicht für beweiskräftig gehalten, weil man annahm, daß in Italien der Tetanus im allgemeinen viel leichter verlaufe als in anderen Ländern. Andererseits sind aber recht günstige Heilerfolge auch von französischen, englischen und russischen Ärzten erzielt worden.

Jedenfalls dürfte nach den Baccellischen Mitteilungen eine Nachprüfung erwünscht sein, und dies dürfte gerade in den jetzigen Zeiten besonders leicht sein, weil man häufig in die Lage kommen wird, kein Antitoxin zur Verfügung zu haben, und daher dankbar nach jedem Mittel greifen wird, das vielleicht geeignet sein könnte, die Kraft dieser schweren Erkrankung zu brechen.

Nach unseren bisherigen Erfahrungen können wir bestätigen, daß tatsächlich so große Dosen, wie Baccelli sie angibt, gut vertragen wurden. Über die Leistungsfähigkeit der Karbolsäureinjektionen haben wir noch kein Urteil.

C. Die Pflege des Tetanuskranken.

Neben der in den vorherigen Abschnitten ausgeführten medikamentösen Therapie spielt zweifellos die Pflege des an Tetanus Erkrankten eine große Rolle.

Vor allem beobachte man als Grundgesetz, daß jeder schwere Tetanuskranke Tag und Nacht bewacht werden muß. Die Patienten sind so schwer krank, daß sie fast andauernd irgendeiner Handreichung bedürfen, die ihnen ihr Leiden erleichtern kann. Vor allem aber kann es ganz plötzlich aus relativer Ruhe zu schwersten Respirationskrämpfen kommen, die ein sofortiges ärztliches Eingreifen (Morphium 0,02—0,03 und Luminal 0,4, Sauerstoffinhalation) notwendig machen, und die selbstverständlich eine momentane schwere Lebensgefahr bedeuten.

Reflektorisch ausgelöste schwerste Respirationskrämpfe sahen wir 2mal infolge Zungenbisses durch reflektorischen Kieferschluß beim Herausstrecken der Zunge auftreten. Man achte deshalb besonders darauf, daß die Patienten sich nicht auf die Zunge beißen können und gebe ihnen ev. einen Gummikeil zwischen die Zähne.

Manchmal beobachtet man plötzliche

Atemlähmung ohne Krämpfe oder ganz langsame, flache Atmung, lebensbedrohliche Zustände, die unter sofortiger Darreichung von Sauerstoffeinblasungen meist schnell zurückgehen. Es wäre deshalb unseres Erachtens nicht richtig, einen schweren Tetanuskranken zu behandeln, ohne die Sauerstoffbombe in greifbarer Nähe zu wissen. Akute Herzkollapse kommen bei den schweren Fällen nicht selten vor. Sie können durch große Kampfer- (5 ccm Ol. camph. fort.) und Koffeindosen (0,5) wirksam bekämpft werden. Auffallend ist immer wieder, daß beim Tetanus nur heroische Dosen — ganz einerlei, was angewandt wird — nachhaltig wirksam sind. —

Auch bei der Narkose kommt es nicht so selten zu schweren Kollapsen (Atemstillstand, fliegender Puls). Da man bei den schweren Fällen wohl niemals ohne allgemeine Betäubung den Opisthotonus überwinden kann zur intralumbalen Darreichung von Antitoxin oder Magnesiumsulfat, so muß man vor Einleitung der Narkose alles zur Bekämpfung des Kollapses herrichten. Auch hier kommen in erster Linie die Sauerstoffeinblasung, Koffein und Kampfer in Betracht. Daneben muß man aber bei völligem Atemstillstand öfters zur Herzmassage und künstlichen Atmung seine Zuflucht nehmen, um den bedrohlichen Zustand zu überwinden.

Sorgfältig muß bei längerer Krankheitsdauer das Wundliegen vermieden werden. Wasserkissen, Spreukissen, Lagewechsel, Abreiben mit Franzbranntwein leisten hierbei gute Dienste. Auch prolongierte Bäder sind sehr zu empfehlen (1—4—6 Stunden). Sie sind zudem außerordentlich wohltuend, weil sich im warmen Bad die allgemeine Starre etwas löst. Daß wir die Wundbehandlung, wo es irgend möglich ist, in Teilbädern (Handbad, Armbad — $^1/_2$—$^3/_4$ proz. Karbollösung) durchführen, haben wir bereits erwähnt.

Man denke auch daran, daß Tetanuskranke häufig nicht spontan genügend urinieren können, wenn die tetanische Kontraktion auf die Blase übergegriffen hat. Deshalb muß die Blase dauernd überwacht werden. Die Versicherung, daß Urin gelassen werden kann, genügt nicht. Es kann sich hierbei um Ischuria paradoxa handeln. Lediglich die Perkussion der Blase soll entscheiden, ob eine künstliche Entleerung derselben nötig ist oder nicht.

Auch die, wenn möglich, tägliche per clysma auszuführende Darmentleerung bedeutet für den Kranken eine große Erleichterung.

Die Überwachung von Blase und Mastdarm ist deshalb so wichtig, weil man ängstlich bestrebt sein muß, jeden wie immer gearteten Reiz auf das Nervensystem von dem Kranken fernzuhalten.

Der Mundpflege muß besondere Beachtung zugewendet werden. Häufiges Ausspülen mit verschiedenen Mundwassern oder Auswaschen mit Borglyzerin (Natr. biboracic. 5,0, Glycerin ad 25,0) ist unbedingt erforderlich, um Komplikationen von seiten des Mundes hintanzuhalten.

Auf größte Schwierigkeiten stößt man bei der Ernährung wegen des Trismus. Daß nur Flüssiges von den Kranken genommen werden kann, ist ja wohl selbstverständlich, schon allein, weil das Kauen sehr schmerzhaft ist und öfters reflektorische Masseterenkrämpfe auslöst. Auch das Schlucken ist ja oft schwierig genug. Notwendig ist die größtmögliche Flüssigkeitszufuhr (Milch mit verquirltem Ei, Rotwein mit Ei, Suppen, Kaffee, gezuckerte Fruchtlimonaden usw.). Man muß dem Kranken die Flüssigkeit einlöffeln, wenn er durch eine Schnabeltasse nicht trinken kann, und vor allem darauf achten, daß er sich nicht verschluckt. Schluckpneumonien gehören selbstverständlich zu den unerwünschtesten und verhängnisvollen Komplikationen. Manche Patienten trinken mit einem Säuglingsschnuller aus der Flasche, andere durch einen feinen Schlauch, dessen eines Ende im Munde, dessen anderes Ende sich in der Tasse befindet. Es gibt aber auch Kranke, die nicht imstande sind, die Kiefer auch nur ein wenig voneinander zu entfernen. Dann muß, wenn man keine Zähne ausbrechen will, auf jede orale Nahrungszufuhr verzichtet und durch Nährklistiere im Verein mit intravenöser und rektaler Zufuhr von 5 proz. Dextroselösung ($^1/_2$ Liter), durch subkutane Kochsalzinfusionen ($^1/_2$—1 Liter) durch Tropfklistiere, versucht werden, vor allem der Austrockung des Körpers vorzubeugen. Wenn angängig, sorge man durch abendliche größere Dosen von Morphium (0,03) ev. in Verbindung mit Chloral (2—3 g) oder Luminal (0,2 – 0,4) per os oder subkutan, daß die Kranken wenigstens einige Stunden des Nachts schlafen.

Jedweder akustische, optische und taktile Reiz ist nach Möglichkeit von dem Kranken fernzuhalten. Bei manchen Tetanuskranken ist die Reflexerregbarkeit mit konsekutiven

Krämpfen so groß, daß jeder wie immer geartete Reiz mit tetanischen Muskelkontraktionen von großer Schmerzhaftigkeit beantwortet wird.

IV. Zusammenfassung.

Durch Überschwemmung der Körpers mit Antitoxin auf intravenösem, endoneuralem und intralumbalem Wege, die bis zur Besserung fortgesetzt werden muß, muß versucht werden, der durch die Tetanusbazillen bedingten Toxinwirkung zu begegnen. Fortgesetzt gegebene große Dosen von Antitoxin, 500 A.-E. pro Tag, werden gut vertragen.

Die Lokalbehandlung der Wunde darf unter keinen Umständen vernachlässigt werden.

Bei der Behandlung des Tetanus durch Narkoticis (Morphium, Morphium-Skopolamin, Chloral, Veronal, Luminal) darf mit diesen nicht gespart werden.

Die Behandlung des Tetanus mit Magnesiumsulfat ist eine rein symptomatische Therapie, die auf eine elektive Lähmung des Nervensystems gerichtet ist. Magnesiumsulfat sollte nur in Kombination mit Tetanusantitoxin gegeben werden, solange letzteres zur Verfügung steht.

Die intradurale Magnesiumsulfattherapie ist wegen der Möglichkeit der Atemlähmung äußerst gefährlich. Sie sollte nur dann in Anwendung kommen, wenn man dieser Gefahr entweder durch die sofortige Tracheotomie begegnen kann, oder aber, wenn der Zustand an sich die Darreichung eines so gefährlichen Mittels rechtfertigt.

Die subkutane Anwendung von Magnesiumsulfat scheint recht günstig zu wirken und geringere Gefahren mit sich zu bringen. Wegen der offensichtlichen Wirkung auf das Kreislaufsystem sei man in den Gesamtdosen vorsichtig und gebe Magnesiumsulfat nur, wenn eine strenge Indikation hierfür durch heftige Krämpfe oder erhebliche tonische Starre mit schwerem Trismus bedingt ist. Die Dosierung und Anwendungsweise des Magnesiumsulfats ist noch nicht einwandfrei geklärt.

Die Karbolsäureinjektionen nach Baccelli verdienen eine Nachprüfung. Insbesondere müßte festgestellt werden, ob hier wirklich neben der symptomatischen eine gewisse ätiologische Behandlungsweise eingeleitet wird. Auch hier müssen große Dosen gegeben werden (0,5—1,5 g Phenol pro die).

Wenn, wie jetzt in Kriegszeiten, kein

Antitoxin zur Verfügung steht, sollte man die Behandlung mit Narkoticis und Karbolsäureinjektionen einleiten und dann zur Magnesiumsulfattherapie übergehen, wenn diese auf Grund der oben angeführten Momente indiziert ist, und eine Gesamterschlaffung der Muskulatur notwendig erscheint.

Literatur.

1. v. Schjerning, Zentralbl. f. Chir. 1904, Nr. 8, S. 227.
2. Dönitz, Deutsche med. Wochenschr. 1897, S. 428.
3. H. Meyer und Fred Ransom, Arch. f. exper. Path. 1903, Bd. 49.
4. Leyden-Blumenthal, Nothnagels spez. Path. u. Ther., V. Bd,, II. Teil. Berlin 1900.
5. Evler, Berl. klin. Wochenschr. 1910, Nr. 35.
6. Graser, Deutsche med. Wochenschr. 1910, Nr. 35.
7. Paul Krause, Handbuch der inneren Medizin, herausgegeben von Mohr und Staehelin. Berlin 1911.
8. Verhandlungen der Deutschen Gesellschaft für Chirurgie, 35. Kongreß. Berlin 1906.
9. Holterbach, Deutsche tierärztl. Wochenschr. 1910, Bd. 18.
10. E. Liell, Journ. of the amer. med. assoc., 15. Juli 1911.
11. Alb. Wiedemann, Münch. med. Wochenschr. 1912, S. 196.
12. Häuer, Münch. med. Wochenschr. 1912, S. 1811.
13. Young, Journ. of the amer. med. assoc. 1912, Bd. 58.

14. Osten, Ther. d. Gegenw. 1912, S. 575.
15. van der Bogert, Journ. of the amer. med. assoc. 1913, Bd. 60, S. 363.
16. Heilmeyer, Münch. med. Wochenschr. 1910, S. 643.
17. H. Weber, Münch. med. Wochenschr. 1913, Nr. 40.
18. G. Huber, Beitr. z. klin. Chir. 1912, Bd. 77.
19. v. Behring, Ther. d. Gegenw. 1900.
20. Scherk, Journ. of the amer. med. assoc. 1906, Bd. 46, S. 1502.
21. E. Kraus, Zeitschr. f. klin. Med. 1899, Bd. 37.
22. Nocard, Académie de médicine 1897, Bd. 38, S. 109.
23. F. Blumenthal siehe in Eulenburgs Realenzyklopädie der gesamten Heilkunde. 4. Aufl. 1913.
24. Jochmann in Lehrbuch der Therapie der inneren Krankheiten. Jena 1911.
25. Weiß, Inaug.-Diss. München 1904.
26. H. Meyer und Gottlieb, Experimentelle Pharmakologie. 3. Aufl. 1914.
27. S. J. Meltzer und J. Auer, Amer. journ. of physiol., Bd. 14, S. 366.
28. S. J. Meltzer und J. Auer, Amer. journ. of physiol., Bd. 15, S. 387.
29. S. J. Meltzer und J. Auer, Amer. journ. of physiol., Bd. 16, S. 233.
30. S. J. Meltzer und J. Auer, Amer. journ. of physiol., Bd. 17, S. 313.
31. S. J. Meltzer, Berl. klin. Wochenschr. 1906, Nr. 3.
32. S. J. Meltzer und J. Auer, Journ. of exper. med., Bd. 8, Nr. 6, 17. Dez. 1906.
33. J. A. Blake, Surgery, gynecology and obstetrics 1906, Bd. 5, S. 541.
34. J. Logan, Journ. of the amer. med. assoc. 1906, Bd. 46, S. 1502.

35. Meltzer und Auer, Amer. journ. of physiology, Bd. 21, 1. Mai 1908.
36. R. Joseph und S. J. Meltzer, Journ. of pharmacology and experim. therapeutics 1909, Bd. 1, Nr. 3.
37. Theodor Kocher, Korrespondenzbl. f. Schweizer Ärzte 1912, Nr. 26.
38. Theodor Kocher, Korrespondenzbl. f. Schweizer Ärzte 1913, Nr. 4.
39. Arnd, Korrespondenzbl. f. Schweizer Ärzte 1913, Nr. 4.
40. Berger, Berl. klin. Wochenschr. 1913, Nr. 44.
41. Tidy, British medical journ. 1913, S. 1104.
42. v. Redwitz, Beitr. z. klin. Chir., Bd. 88, S. 619.
43. Kreuter, Münch. med. Wochenschr. 1914, Nr. 40.
44. H. Stadler, Berl. klin. Wochenschr. 1914, Nr. 1—3.
45. Stadler und Lehmann, Berl. klin. Wochenschr. 1914, Nr. 4.
46. Greely, Journ. of the amer. med. assoc. Chicago 1907, S. 345.
47. Greely und Lyon, Journ. of the amer. med. assoc. Chicago 1908, Bd. 1, S. 1688.
48. Paterson, Lancet 1910, Bd. 1, S. 922.
49. Parker, Journ. of the amer. med. assoc. 1912, Bd. 58, S. 1746.
50. Baccelli, Berl. klin. Wochenschr. 1911, Nr. 23.
51. Imperiali, Giornale di medicina militare 1910.
52. v. Behring, Deutsche med. Wochenschr. 1914, Nr. 36.